了不起的中国

强国科技

鹿临 / 主编

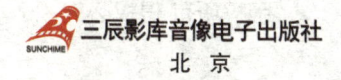

三辰影库音像电子出版社
北京

图书在版编目（CIP）数据

了不起的中国. 强国科技 / 鹿临主编. — 北京：三辰影库音像电子出版社，2023.1（2024.1重印）
ISBN 978-7-83000-569-6

Ⅰ. ①了… Ⅱ. ①鹿… Ⅲ. ①科技成果－中国－青少年读物 Ⅳ. ①N12-49

中国版本图书馆CIP数据核字(2022)第161753号

了不起的中国. 强国科技

著　　者：李莹雯
责任编辑：龙　美
责任校对：韩丽红
出版发行：三辰影库音像电子出版社
社址邮编：北京市朝阳区金海商富中心B座1708室，100124
联系电话：（010）59624758
印　　刷：天津泰宇印务有限公司
开　　本：880mm×1230mm　1/32
字　　数：192千字
印　　张：10
版　　次：2023年1月第1版
印　　次：2024年1月第2次印刷
定　　价：68.00元（全4册）
书　　号：ISBN 978-7-83000-569-6

版权所有　侵权必究

前言

  我们的中国，是一个有着五千年灿烂文明的古国，有着深厚的历史文化底蕴。在人类漫长的发展进程中，我们的祖先创造了光辉灿烂的物质文明和精神文明，推动了人类社会的发展，影响了世界文明的前进。

  我们的中国是一个了不起的国家，举世闻名的"四大发明"，名扬海外的丝绸和瓷器，人造卫星升空，"两弹"试爆成功，三峡大坝投入使用，南水北调、西气东输开启，国产航母下海，国产大飞机首飞，复兴号列车飞速疾驰等接踵而来的突破创新，让人刮目相看的卓越成就，充分说明了中国综合国力的增强，充分显示了中国的崛起和复兴，让我们感受到了"中国力量"，体会到了真正的"了不起"。

  今天的中国正在奋发图强、自主创新、飞速发展，在众多领域不断突破，缔造出一个又一个"中国奇迹"。为了让广大少年朋友了解和感受到更多的"中国力量"，我们精心编撰了这本《了不起的中国》，详细介绍了我们的祖国取得的举世瞩目的成就，这里不仅能看到"北斗"导航系统、中国"天眼"等大国重器，5G技术、"墨子号"量子科学实验卫星等强国科技，还能看到港珠澳大桥、高速铁路工程、南极科考项目等超级工程，以及丝绸之路、农耕文化、传统文学等辉煌文明。通过阅读本书，你将感受到今日中国飞速发展带来的震撼，尊崇先辈们不畏艰险、埋头苦干、开拓进取的美好情操。

少年强则国强！希望本书不仅能拓展青少年的知识面，还能让他们看到中国发展的崭新面貌和后续力量，激发他们强烈的爱国热情和自强不息的精神，为努力实现中国梦而努力！

目录

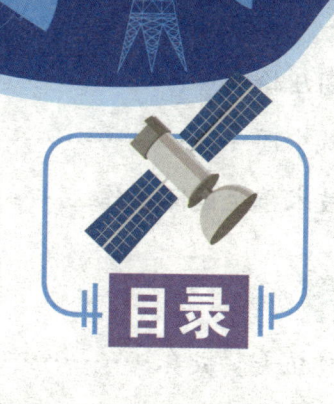

5G 技术

5G 款款走来 …………………………… 2

5G 的不同凡响 ………………………… 3

5G 的活泼个性 ………………………… 3

新奇的 5G 技术 ………………………… 4

中国的 5G 耀如星辰 …………………… 5

人工智能技术

AI 在中国枝繁叶茂 …………………… 8

中国的 AI 已惊艳世界 ………………… 9

神奇的 AI 是怎样工作的 ……………… 10

AI 时态的中国 ………………………… 10

中国 AI 为世界文明导航 ……………… 11

特高压输电技术

令世界瞩目的高超技术 ……………… 14

追溯中国输电技术的成长 …………… 14

为何选择特高压输电 ………………………… 15
卓越技术成就中国 …………………………… 16
特高压输电技术催生国际合作 ……………… 17

海水稻技术

我国海水稻种植美梦成真 …………………… 19
海水稻种植符合中国国情 …………………… 20
本土海水稻的优秀特征 ……………………… 21
海水稻种植意义深远 ………………………… 22

"墨子号"量子科学实验卫星

"墨子号"名字的由来 ………………………… 24
中国量子领域的骄傲 ………………………… 24
量子通信界的佼佼者 ………………………… 25
量子科学的中国里程碑 ……………………… 26
实现零窃密通信 ……………………………… 26
拥抱量子通信 ………………………………… 27

青蒿素与双氢青蒿素

"中国神药"的研制之路 ……………………… 30
黄花蒿的"孩子" ……………………………… 31
抗疟奇药规模生产之路 ……………………… 32
青蒿素造福世界 ……………………………… 33

无人机技术

分类见识无人机 …………………… 36

无人机的历史 ……………………… 37

中国无人机领先世界 ……………… 38

我国无人机的三朵金花 …………… 39

可燃冰开采技术

无比精巧的结晶物 ………………… 42

中国是可燃冰"大仓库" …………… 42

中国可燃冰开采成就 ……………… 43

细说开采可燃冰的难题 …………… 44

可燃冰开采技术领先全球 ………… 45

3D 打印技术畅想

3D 打印技术的来与往 ……………… 48

3D 打印机的构造 …………………… 48

中国 3D 打印的成就 ………………… 49

畅想中国 3D 打印的未来 …………… 50

"华龙一号"核电站

腾飞的核技术 ……………………… 53

中国的核安全标杆 ………………… 53

"华龙一号"——发电"大力神" …… 55

中国制造的经济增长点 …………………………… 56

"人造太阳"

科幻大片般的 ITER 计划 ………………………… 59
中国成功突破 ITER 难题 ………………………… 59
EAST 的世界纪录 ………………………………… 60
中国对 ITER 的贡献 ……………………………… 61

电动汽车

交通能源动力系统的变革 ………………………… 64
能源变革驱动着电动汽车发展 …………………… 64
国产"黑科技" …………………………………… 65
"中国梦想"影响世界 …………………………… 66

移动支付

种类繁多的移动支付手段 ………………………… 69
移动支付的应用场景 ……………………………… 70
中国首创的数字人民币 …………………………… 71
数字人民币的信誉保证 …………………………… 71

5G技术

　　中国领跑的5G技术像点石成金的魔法棒，为世界营造出一个信息时空的超级乐园。我们在超高速的信号下，痛快地学习、使用智能家居、体验无人驾驶……未来随着5G技术的发展，将带给我们更多前所未有的体验和惊喜。

5G款款走来

万物互联的时代，通信技术显得尤为重要。让我们打开神奇的时间机器，看看5G是怎样一步步走进我们的生活的。

2016年1月，中国5G技术研发试验正式启动。

2016年5月31日，第一届全球5G大会在北京举行。

2019年10月，5G基站正式获得了工信部入网批准。

2019年10月31日，中国三大通信运营商公布5G商用套餐。

这些时间点记录着5G的成长，标记着5G在中国科技之林中横空出世。

5G的不同凡响

目前中国已经是全球5G网络规模最大、用户最多的国家。自5G概念提出以来，我国开通的5G基站数量、5G网络覆盖规模都居全球第一。1G、2G、3G时代，人们体会了从"大哥大"到智能手机的便捷，4G时代普及了移动支付，大量的视频丰富了人们的生活。5G则将通信扩展到万物互联，它的应用不仅仅是手机，还有VR/AR、物联网、车联网、无人驾驶、工业互联网、智能家居、智慧城市等。

5G的活泼个性

5G的活泼个性可以概括为四个方面：超高速、低延时、海量连接、低功耗。

1.超高速。5G是个"飞毛腿"，峰值理论传输速度比4G快数十倍。下载同一部高清的视频，4G需要几十分钟，5G只需要几秒钟。

2.低延时。5G网络比4G网络的延迟少了约5倍，响应

速度快至1毫秒。正常行驶的汽车在4G条件下，行驶1.4米后才能获得制动消息，但在5G条件下，车辆移动2.5厘米后即可获得制动消息。

3.海量连接。5G的用户容量大如航空母舰，每平方千米至少能承载100万台终端设备，基站设置遍布各个角落，能满足海量用户的通信需求，即便在最遥远、最偏僻的地方也不例外。

4.低功耗。5G超级节能，可以承载一百倍以上的流量，而不会增加网络的总能耗。5G低功耗的特性，使网络设备不需要频繁补充能量，有利于延长电池的使用寿命。

新奇的5G技术

5G包含着世界共享的新奇技术。

比如毫米波技术。毫米波指的是波长在1~10毫米，频率在30~300吉赫兹范围的电磁波。和管道送水原理相似，5G毫米波能在提高传输速率的同时，还解决网络拥堵问题。

比如网络切片技术。网络切片技术就像是积木游戏，技术人员按照5G网络的实际需求，将物理网络切成多个独立的"积木"，这些"积木"可以自由组合，给予5G理想的网络构架。

再比如D2D技术。D2D就像日常生活中，相邻座位上的人说悄悄话，移动设备之间直接进行通信，而不受运营商的基站控制。D2D技术使我们的通信更便捷。

中国在5G技术上是绝对领先的。中国声明的5G标准必要专利达1.8万项，排名世界第一。中国已经能够用5G远程操控机器人进行手术，将医学和通信技术完美结合。

中国的5G耀如星辰

在5G时代之前，美国是网络通信领域的领袖，继5G诞生以来，中国以优异的成绩成了全世界网络通信的领导者。

了不起的中国

中国持续加大对5G的投资，目的是让人们的生活从移动互联网领域扩展到"万物互联"的物联网领域。我们的车辆、家电甚至家具都将实现智能化无线联网，所有的人和物都将存在于一个数字的生态系统里。

凭借雄厚的技术，中国的5G将在越来越多的舞台上担任主角，如无人驾驶、"5G+工业互联网"512工程、5G+AR眼镜、5G+智慧教育、5G+超高清远程会诊、5G+远程手术、5G智慧文旅……它的应用领域覆盖工业、交通、能源、教育、医疗、文旅……包罗万象，精彩万分。

为什么5G改变了中国社会？

5G的出现将彻底改变中国的社会和经济格局。在5G时代，人与人、人与物、物与物之间原有的界线被打破，出现空前的"万物互联"局面。5G将大数据、云计算、人工智能等技术结合在一起，打造出全新的信息化社会。据中国信息通信研究院估计，到2030年5G将直接带动总产出6.3万亿元。

人工智能技术

从1950年图灵测试提出，到2016年AlphaGo战胜人类棋手，AI已经走进了人们的日常生活——它既可以陪你做作业，又可以做家务，你只需要呼唤它的名字，它就马上为你服务。

人工智能（Artificial Intelligence），英文缩写为AI。AI技术的研究领域包括机器人、语言识别、图像识别、自然语言处理等。

AI在中国枝繁叶茂

进入21世纪后,AI的发展成为中国的国家战略发展项目。一系列政策的出台,推动国内AI步入高速发展阶段。AI的大森林里,植被繁茂、硕果累累。我们比较熟悉的成果有智能机器人、专家系统、图像识别、语音识别、自然语言处理……

中国人工智能学会等机构联合发布的《中国人工智能发展报告2020》称,中国在自然语言处理、芯片技术、机器学习等10多个AI子领域的科研产出水平已位于世界前列。

中国的AI已惊艳世界

中国AI的表现令人瞩目，迄今为止，已有多个历史性突破。中国的AI已经惊艳了世界。

2018年2月25日，平昌冬奥会闭幕式中，我国研发的智能移动机器人与轮滑演员一起完成了"北京8分钟"的演出。

2018年5月3日，国内首款云端人工智能芯片由中国科学院发布，它已经达到了世界先进水平，高性能模式下的等效理论峰值速度达到每秒166.4万亿次定点运算。

2021年6月1日，首位具备学习能力的虚拟机器人"华智冰"就读于清华大学计算机科学与技术系。同年，华智冰背后依托的全球最大的智能训练模型"悟道2.0"发布，这意味着中国在人工智能及相关领域中已有多项技术处于世界领先地位。

在将来，中国的AI必定会有更好的表现。

神奇的AI是怎样工作的

这样神奇的AI，它到底是怎样工作的？让我们看看它的核心技术。

AI技术的核心，是让计算机越来越像人类，包括计算机视觉、机器学习、自然语言处理和语音识别技术等。计算机视觉技术让计算机长出了眼睛；机器学习使计算机能够模拟人的学习行为；自然语言处理和语音识别技术使计算机能像人类一样听、说、读、写，并且能够与人沟通。AI技术的迅速发展，使科学家常常担心：AI会不会取代人类？

AI时态的中国

在我国，AI赋能于居家生活和其他千行百业，万物智能化是一个不可逆转的趋势。

AI使我们的生活发生惊人的改变：家具都是人工智能

化的，电器受语音控制；当我们需要交通工具的时候，车辆可以是无人驾驶的；到了商场，智能服务员为我们导购，在无人便利店，一切也都是自动化的；到工厂上班时，工作人员只需要在操作台点点控制按钮就可以了；生病去医院，智能医生能够让我们免除排队的麻烦……所有这些场景都在进行着，AI越来越深入地渗透到人们的日常生活中。

人类对未知的探索永不止步，以AI、5G等技术为驱动力的全新技术革命，正在深刻地改变着人类的生活，推进智能世界的加速到来。

中国AI为世界文明导航

我国的人工智能产业，已经能将AI技术赋能于各行各业。现阶段，全面普及AI应用的场景，产生了对效率化、工业化的AI生产的需求。我国的AI技术将越来越成熟。目前，中国的人工智能专利数已经是世界第一。而根据规划，到2030年，中国将成为全球主要人工智能创新中心。

了不起的中国

基因测序、量子计算、半导体、新能源、新材料……这些前沿领域中都有AI技术活跃的身影，AI技术几乎成了所有前沿领域的技术突破加速器。在AI的领域里，中国正在成为未来世界智能经济体的"北极星"。

为什么机器能够模拟人类学习？

机器学习是AI技术的关键技术。

人工智能的三大核心要素：数据、算力和算法。数据是AI的"食物"。算力来自芯片，是AI的"消化能力"。算法是AI的"神经功能"。

AI使用了人工神经网络，对人脑进行了模拟，替代人类大脑中的生物神经网络。在人工神经网络的基础上，人们给计算机输入数据，算力对"神经"进行驱动，执行各种算法程序，计算机就能模拟人类学习了。

特高压输电技术

蓝蓝的天空下,一些高耸的输电铁塔有着各式的形状,有的像酒杯,有的像猫头鹰……它们承载着中国的特高压输电技术,是电力传输的基础建设。

特高压是什么?它是目前世界上最先进的输电技术。它的输电电压等级:交流电在1000千伏及以上,直流电在正负800千伏及以上。它输送容量大、距离远、效率高、损耗低。

特高压输电技术是强大的中国工业技术的一个缩影。

令世界瞩目的高超技术

目前，大多数国家还在使用500千伏及以上的超高压输电网络时，1000千伏及以上特高压输电网络却在中国开工建设了。

中国的特高压输电技术虽然发展时间不长，但已经创造了多个世界第一。准东至皖南的正负1100千伏特高压直流输电工程，全长3324千米，横跨半个中国，是世界上输电距离最长的特高压输电工程；滇西北至广东的正负800千伏特高压直流工程，创下多个"世界之最"，如送端换流站海拔达2350米，居世界第一，而电气设施抗震能力达到9度，达到世界最高。

追溯中国输电技术的成长

1954年，中国第一条220千伏线路——松东李线全线才竣工，而此时世界第一条220千伏线路已经问世30余年了。

2016年，世界上电压等级最高、输送容量最大、输送距离最远、技术水平最先进的特高压输电工程准东-皖南特高压直流输电工程开工建设。

从中国的输电发展史看，中国从一个孱弱的婴儿迅速成长为光芒四射的巨星。如今，中国的输电技术站在了世界巅峰的位置。

为何选择特高压输电

中国是全世界用电人数最多的国家，原有的输电设备逐渐跟不上时代的需求了。特高压输电技术应运而生，成了国家的重点项目。

我国经济发展集中在中部与东部沿海地区，这里消耗国内约70%的电，而相隔千里的西部和北部拥有80%以上的能源资源，发电设施大都建设在那里。电的传输距离越远，电力损耗越大，当距离远到一定程度时，电力会完全损耗在传输上。而电压提高一倍，传输损耗会降低四分之一。为了将电力长距离输送，同时降低电网设施成本，中国选择了特高压输电。

特高压输电技术研发成功并投入应用，西电东送得以实现，让我们基本上告别了频繁停电的时代。

卓越技术成就中国

在特高压输电的领域，中国掌握了几乎全部的顶级核心专利，让西方发达国家望尘莫及。

在这个美丽的星球上，中国建设了全世界最先进、最庞大的特高压电网，而我们正享受着世界上最稳定的用电环境以及比西方国家低得多的电价。

中国的特高压输电技术，使中国的输电技术反超发达国家。中国还带头制定了国际范围内公用的特高压输电线路标准，这意味着其他国家也必须遵守中国制定的国际标准才能被广泛使用。

中国在特高压输电领域的卓越表现，形成了输电技术令人自豪的中国名片。

特高压输电技术催生国际合作

随着"一带一路"倡议的发展，特高压输电技术以运行安全、经济高效、绿色环保的特点，构建起了洲际大通道和全球能源互联网，成就了电力"一带一路"升级版。

与高铁和基建一样，特高压输电技术将中国推向了世界，中国的输电线路也修到了世界各地。据统计，国家电网已与"一带一路"沿线国家建成了10余条互联互通输电线路，与俄罗斯、蒙古国、巴基斯坦等周边国家达成协议，建设多项特高压技术跨国输电工程。

为什么说特高压输电技术的发展符合中国国情？

首先，我国自然资源分布不均，风力、太阳能、煤炭等资源主要在北部和西北部，而用电负荷主要在中东部，这决定了我国需要超长距离的电力输送。特高压输电技术满足了资源配置优化和经济效益增长的要求。

其次，特高压是推动清洁能源发展的强大力量。内蒙古风电设施能够提供大量清洁能源，却一度因为远距离输送线路没有建成而废弃不用。特高压电网就能解决这类问题，它已经是我国大容量、远距离的能源输送通道，符合先进的环保理念。

海水稻技术

海水稻并不是种在海里的稻子，而是可以生长在盐碱地中的稻子。

1986年，农业科学家陈日胜发现了第一株海水稻。2012年，袁隆平院士组建了青岛海水稻研发团队，开始了耐盐碱水稻的选育研究，并不断取得突破。

我国海水稻种植美梦成真

海水稻技术对解决世界的饥荒问题有着非凡的意义。如果海水稻能够覆盖我国具备种植水稻潜力的盐碱地，每年就能多收500亿斤（1斤=500克）粮食。如果全世界143亿亩（1亩≈666.7平方米）盐碱地都能种植海水稻，目前全世界8亿的饥饿人口将吃饱饭。在梦想的驱动下，我国粮食专家采取了积极的行动。

1986年，一株比人还高、看似芦苇但结着穗的野生海水稻引起了研究员陈日胜的注意，他收获这株穗结下的522粒种子，通过多年的繁育，将这种海水稻的种子延续

至今。这种海水稻被命名为"海稻86"。海水稻的研究成果是继杂交稻之后科研工作者们在水稻行业的又一次重大突破。

2016年,"杂交水稻之父"袁隆平带领团队开始与陈日胜合作研究海水稻,从此海水稻开始被更多的人了解到。

2017年,袁隆平领衔成立了青岛海水稻研究发展中心;2020年,该中心在全国的海水稻示范种植面积由原来的2万亩扩大到了10万亩;2021年,该中心种植的海水稻平均亩产量稳定在400千克以上。如今,国家已经正式启动海水稻的产业化推广和商业化运营,1亿亩盐碱地将在2030年改造成功,"亿亩荒滩变良田"的美梦将成真。

海水稻种植符合中国国情

我们口渴的时候喝盐水,会越喝越渴。同理,含有盐分较多的盐碱地容易造成植物的生长不良,甚至导致植物死亡。

海水稻虽需要淡水灌溉,却具有耐盐碱性,能在盐

（碱）浓度0.3%以上的盐碱地生长。

海水稻种植非常符合中国国情。我国仅沿海滩涂地区就有着2亿亩盐碱地，相当于目前我国耕地保有量的九分之一，西北地区盐碱化土地面积要比沿海滩涂区大得多。我们期待着这些地方都能变成海水稻良田。

本土海水稻的优秀特征

这些年，我国海水稻研发从未停止。袁隆平院士领衔的青岛海水稻研究发展中心，使用了基因测序技术，筛选出天然抗盐、抗碱、抗病基因，致力为中国培育出更优良的耐盐水稻品种。

本土海水稻外观红艳艳的，如同红宝石碎粒，硒的含量比普通大米高出7.2倍，氨基酸含量比普通精白米高出4.71倍，具有很高的营养价值。

海水稻"野性"十足，无须施肥、喷药，生育期约5个月，根系较发达，深深扎根于滩涂，抗倒伏性很强。这种优质粮种，前途无限。

海水稻种植意义深远

海水稻的种植是清晨的一缕阳光，它给世界带来新的希望。

推广海水稻，不仅让中国众多的盐碱地能够得到利用，让中国人的饭碗端得更稳，更重要的是给世界上的饥饿人群找到了一条温饱之路。

海水稻还能起到保护环境的作用。它有较强的抗病虫能力，不用施农药，这样污染就减少了。此外，海水稻根系深达30～40厘米，能保持水土，增加土壤有机质含量。海水稻长得高高大大的，如同小型森林，能防风消浪、净化海水和空气。

在中国各地种植的海水稻，已经取得一次又一次突破，连年增产。未来，海水稻种植技术将走出国门，为解决全球粮食短缺做出贡献。

海水稻为什么味道好？

我国的海水稻种植技术这样先进，海水稻产量连年增高，那么它的味道怎么样呢？

在盐碱地环境中，较高的盐分能够把可溶性蛋白质、可溶性糖、有机酸等物质沉淀在植物体内，专家把这种效果叫作"盐胁迫"效应。这些天然的营养大大增加了海水稻的风味，令它香甜可口。吃过的人都说，海水稻没有海水的咸味，反而比普通水稻甜，而且更黏。

"墨子号"量子科学实验卫星

2016年8月16日,在酒泉卫星发射中心,"墨子号"量子科学实验卫星成功发射。从此,我国在世界上首次实现了卫星和地面之间的量子通信,拉开了构建天地一体化的量子保密通信与科学实验体系的大幕。

了不起的中国

"墨子号"名字的由来

科学家们之所以为我国首颗量子科学实验卫星取名"墨子号",意义深远。生活在2400多年前的墨子是中国历史上第一位"科圣",被誉为中国科学家的始祖。墨子主张"兼爱""非攻",他提出的"端",即空间中不可再分割的最小单位,是人类历史上最早的"量子"雏形。

中国量子领域的骄傲

"墨子号"作为我国在量子通信领域里的主要成员,如中流砥柱,发挥着十分突出的作用。该卫星在宇宙中

能够跨越上千千米分发量子密钥，在人类通信史上，这样的成就如同钻石一样璀璨，也为量子通信的现实应用铺垫了道路。

2019年，美国科学促进会宣布，"墨子号"量子科学实验卫星科研团队被授予2018年年度"克利夫兰奖"，该奖项表彰了该团队对量子通信实验研究做出的贡献。

量子通信界的佼佼者

在量子通信研发的国际赛场中，中国姿态十分雄健，这项技术从实验室走向社会，绽放出通信世界的绚丽花火。

如何实现安全、长距离、可实用化的量子通信？太空几乎是真空的，光信号损耗非常小，卫星的辅助使量子通信距离大大增长，卫星能覆盖整个地球，使量子通信能够在全球范围内实现。当然，要实现这个远大目标，还有很长的路要走。"墨子号"的发射，就是建构覆盖全球的"量子星座"的第一步。

量子科学的中国里程碑

德国物理学家普朗克首先提出了量子概念。简单地说,量子就是一个不可以再继续分割的物理量。基于量子的特性,量子密钥技术产生。而量子密钥是什么呢?量子密钥属于密码学,它使用量子力学特性保证了通信安全,使通信的双方能够产生并分享一个随机的、安全的密钥来加密和解密消息。国际上已经实现了500千米左右的量子密钥分发,但传输500千米之后就没能量继续传输了。在这样的基础上,中国人设想,如果设置一个中继点,给密钥助跑,它就能传送更长的距离。"墨子号"就是这样的一个中继点。2017年,它实现了中国和奥地利之间长达7600千米的洲际通信。这项成绩给世界的量子学添上了中国人的绚烂笔墨。

实现零窃密通信

美国物理学家爱因斯坦曾指出,两个相隔千万光年的量子状态能实时传递，而要坍塌就一起坍塌。这一理论被奥地利物理学家薛定谔命名为量子纠缠。信息的发送端和接收端共享同一"稳定"的量子态，如果出现窃听者的话，发送端和接收端的量子态就同时坍塌。

中国"墨子号"的通信加密，使用的就是这一同步原理。理论上讲，只要没有人爬到卫星上去窃听，"墨子号"的通信就是安全的。

拥抱量子通信

"墨子号"悬在太空中，开始了人类通信经验的星际之旅。

"墨子号"用量子通信的方式，建立了卫星和地面之

间的联系，构造了天地一体化的通信网络，实现了量子保密通信的现实应用基础。

量子通信是新时代的多面手，它不但能在人们的日常通信方面崭露头角，也可用于水、电、煤气等能源供给和民生网络基础设施的通信保障，国防、金融、商业等领域都少不了它。

2017年，世界首条量子保密通信干线"京沪干线"与"墨子号"成功对接，以此为基础，我国未来将会有全新的安全系统，量子互联网也将建立。覆盖全球的量子保密通信的步履势不可当。

中国为什么要发射"墨子号"？

量子通信的竞赛自1995年就开始了，在日内瓦湖底，欧洲科研人员进行了量子密钥分发的最初演示。为了构建全球性的安全通信网络，人们在量子通信的跑道上争先恐后。中国发射了"墨子号"，令这场历史性的革命从地面上升到太空，在人类的通信史上创造了辉煌。

"墨子号"的发射将量子通信的发展推进了一大步。量子通信是黑客无法攻击的，是通信技术走向未来的标记。网络安全是中国近年来关注的焦点，中国势必走在世界量子通信前列。

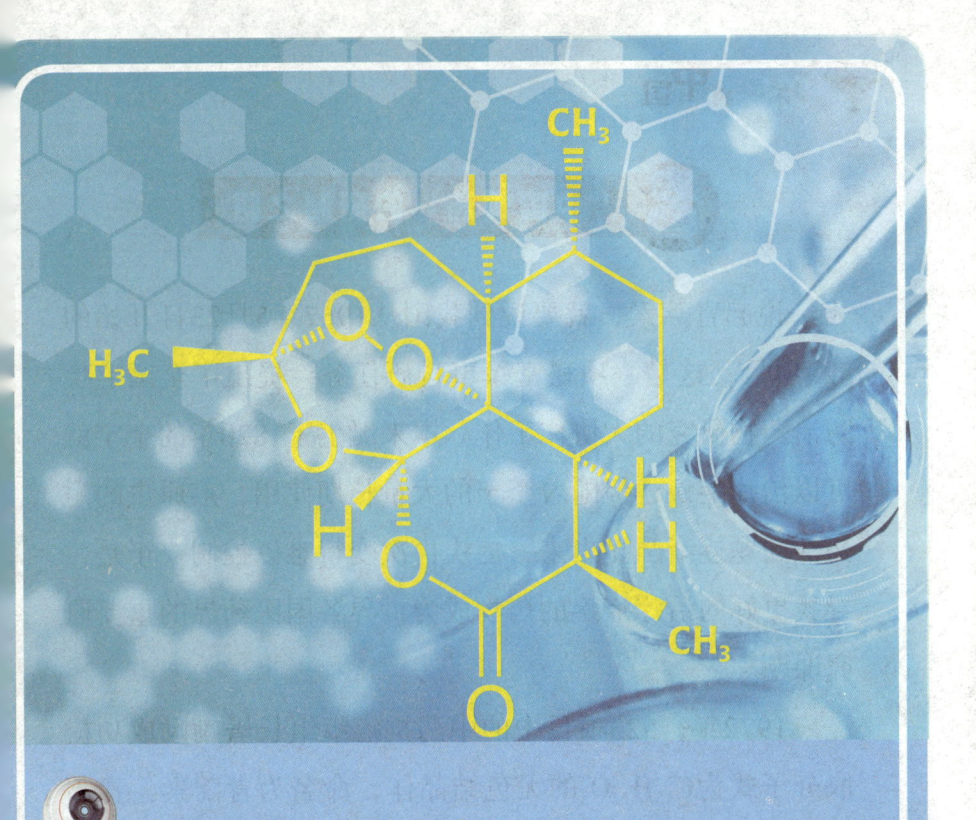

青蒿素与双氢青蒿素

"嗡嗡嗡……",夏天的蚊虫是疾病的使者。有些蚊子的体内会携带疟原虫,而疟原虫会导致一种名叫"疟疾"的病。

青蒿素是治疗疟疾效果最好的药物,双氢青蒿素为青蒿素的衍生物,能快速杀灭疟原虫。2015年,中国女科学家屠呦呦获得了诺贝尔生理学或医学奖,她在获奖致辞中表示,青蒿素是中医药给世界的一份礼物。

"中国神药"的研制之路

说起青蒿素，就要说到我国从1967年5月23日开始的523项目，这是一项秘密军事科研任务，提出了全国疟疾防治药物研究的大协作工作。本来诞生于1820年的奎宁就可以治疗疟疾，但随着奎宁的大量长期使用，疟原虫的耐药性问题逐渐凸显出来，疟疾再次变得难以控制。于是，寻找更好的治疗疟疾的药物成为世界各国医药界的重要研究课题。

1972年，523项目中的中药抗疟组组长屠呦呦成功提取分子式为$C_{15}H_{22}O_5$的无色结晶体，命名为青蒿素。青蒿素具有抗疟作用。1973年，为了确证青蒿素结构中的羰

基，合成了双氢青蒿素。2015年，诺贝尔生理学或医学奖颁给屠呦呦，表彰她发现青蒿素，有效降低了疟疾患者的死亡率。

青蒿素的成功研制，给全世界饱受疟疾困扰的患者带来了福音。据世界卫生组织统计，现在全球每年有2亿多疟疾患者受益于青蒿素联合疗法。而且，此药不仅能医治疟疾，还在治疗艾滋病、恶性肿瘤、癌症等疾病以及戒毒方面具有新用途。

黄花蒿的"孩子"

从名字上看，我们容易误以为青蒿素是从青蒿里提取出来的，实际上青蒿素是从黄花蒿中提取的，是黄花蒿的

"孩子"。

黄花蒿伴随着人类文明数千年，古书中记载它有清热、解暑、凉血、利尿、健胃、止汗、截疟等作用，在现代医学研究和化学提取技术的条件下，人们不仅可以提取青蒿素，还合成了许多青蒿素衍生物，其中最著名的当然是活性比青蒿素更好的双氢青蒿素。

抗疟奇药规模生产之路

20世纪70年代，我国科学家发现了青蒿素能治疗疟疾，但如果不能够高效合成，就不能够大规模生产。1吨黄花蒿，可提取6～8千克的青蒿素，每千克青蒿素价值高达4000～6000元，不仅提取量少、造价高，还会产生大量的废料，污染环境。

经过7年的研究，上海交通大学张万斌教授带领的科研团队终于研发出了一种常规的化学合成方法，他们发现了一种特定的催化剂，无须光照等特殊化学反应条件，合成路线短、能以接近60%的高收率得到青蒿素。该项专利首次实现了抗疟药物青蒿素的高效人工合成，使青蒿素有望实现大规模工业化生产。该项成果使青蒿素类药物更加便宜、易得。

青蒿素造福世界

在非洲，疟疾、肺结核和艾滋病并称为最严重的三大疾病。依托"一带一路"，青蒿素走入了非洲，并能带动更多传统中药走进国际市场，造福世界人民。

青蒿素大幅降低了非洲疟疾患者的死亡人数。但是随着人们对青蒿素及其衍生物的长期大量使用，泰国和柬埔寨出现了耐药性病例。大量耐药性病例也出现在了非洲大陆。对此，屠呦呦及其团队提出了应对方案：一是适当延长用药时间，由三天疗法增至五天或七天疗法；二是更换青蒿素联合疗法中已产生抗药性的辅助药物。疗效立竿见影。

中国是非洲国家的亲密伙伴，特别是在卫生领域。"一带一路"推动中非交流合作迈出新步伐，使"中国神药"青蒿素得以拯救更多人的生命。

青蒿素为什么是中医药的献礼？

20世纪60年代，在人类饱受疟疾之害的情况下，中医研究院中药研究所接受了艰巨的抗疟研究任务。以屠呦呦为首的一众研究人员整理中医药典籍、走访各地中医，汇集了640余种治疗疟疾的中药单秘验方。东晋葛洪的《肘后备急方》中对青蒿截疟的记载——"青蒿一握，以水二升渍，绞取汁，尽服之"给屠呦呦团队带来了灵感。

1972年，青蒿素终于被发现。它作为一线抗疟药物，挽救了无数人的生命。

中国医药学是一个伟大的宝库，青蒿素是这一宝库给世界的献礼。

无人机技术

无人机，并不陌生的名字。它的身份既可以是孩童手里的玩具，也可以成为军事家麾下的"侦察兵"。

与有人驾驶的飞机相比，无人机的发明使人们能够摆脱那些过于危险的任务。在军事和民用领域，无人机都颇有存在感。近年来，无人机在民用方面的发展势不可当，送个快递、拍个照片都用得上它，在灾难救援、农业植保方面也不乏它的身影。

分类见识无人机

让我们来数一数无人机的类别，说起来真像绕口令。

无人机按照用途的不同可分为军用无人机和民用无人机。军用无人机可分为侦察无人机、诱饵无人机、电子对抗无人机、无人战斗机以及靶机等。民用无人机可分为巡查监视无人机、农用无人机、气象无人机、勘探无人机以及测绘无人机等。或者，我们也可以把无人机按照个头大小排个队，如微型无人机、轻型无人机、小型无人机以及大型无人机。小个头的无人机，最常见的是航拍无人机。

大个头的无人机，比如中国制造的"彩虹"系列无人机，可广泛应用于军民融合领域，如重大自然灾害预警、应急抢险救灾、偏远地区互联网的无线接入、移动通信、数字电视信号广播等。

无人机的历史

"瞄准……射击！"空阔的野外，一架无人驾驶的飞机冒着黑烟坠落地面。这就是士兵野外练靶的情形。第二次世界大战时期，一些多余的飞机被改造成了无人驾驶的靶机，供防空炮手训练。这就是最早的"无人机"。

随后，战争专家脑洞大开，围绕着"无人机"主题，产生了许多发明。无人机有时候是"侦察兵"，有时候是战术上的"诱饵"……无人机既能执行危险任务，又能避免人员伤亡。

2006年，欧盟制定并实施了民用无人机发展路线图，从此，军事宠儿在普通老百姓中有了生命力。1958

了不起的中国

年，我国第一架无人机"北京五号"诞生并且试飞成功，从此，我国翻开了无人机技术的新篇章。随后，我国军用无人机和民用无人机不断融合发展。如今，我国制造的无人机销往全球100多个国家和地区。

中国无人机领先世界

美国战略学家彼得·W·辛格称中国无人机技术正成为世界领头羊之一！

毫不夸张地说：中国无人机技术已居世界一流。中国现在的无人机，既能够在空中飞，也可以在地上跑和水里游，真正做到了水、陆、空三栖。

目前，我国的无人机展示台上又有了新宠儿——量子通信无人机。它是无人机中的劳动模范，工作起来风雨无阻。它的气质非常神奇奥秘,能全天候保持无法被破译的量子通信。它将服役于特种作战任务,是个矫健的特种兵,轻盈的身材仅35千克,令人不禁夸赞我国量子通信模块的精巧。

我国无人机的三朵金花

一是"翼龙"无人机。它是我国自主研发的察打一体无人机,在侦察和打击方面都是武林高手,它能携带多种侦察设备及导弹、炸弹等,还能搭载无线通信基站,在执行侦察、打击、信号传输等任务上,都是国产的"当家明星"。

二是"彩虹-4"中空长航时无人机。被称为中国版"死神"的它,形态特异,搭载多任务传感器,侦察能力

堪称一流。它还具有超强"体力"，最大能续航28小时，负荷345千克，最高能飞到7200米的高空。

三是"攻击-1"型无人机。因为配备着激光指示器等光电侦察监视"大脑"，它能为自己发射的导弹制导，也可以引导和控制其他飞机或地面武器，无愧为信息化战场的"新宠"。

中国民用无人机为什么领先全球？

早在1986年，中国知识产权网的无人机领域就出现了第一个专利申请。国内民用无人机与手机、芯片、电池、5G、智能化等多个产业无法分割，它多面一体，折射出我国民用科技的璀璨光芒。全面智能化的趋势下，民用无人机的各项技术如T台走秀般，令人目不暇接。无人机的那些鲜为人知的黑科技，诸如定点悬停技术、跟踪拍摄技术、避障技术、无线图传技术……被无人机的铁粉们津津乐道。

中国的大疆无人机已经是全球著名品牌，占有八成的世界市场，客户遍布100多个国家和地区。

我国无人机不仅被用于民用市场，在军事领域也独占鳌头，美国、以色列、伊拉克、印度等国都争相选购。

可燃冰开采技术

随着经济的不断发展，能源危机日益凸显。此时，一种新能源从大海或大地的深处渐渐露面。它产生的污染远小于煤、石油，燃烧后仅生成少量的二氧化碳和水。

"可燃冰"就是它的名字。在低温高压下，天然气能形成冰块一样的物质。经人类勘测，在地球的巨大库藏中，可燃冰储量可观。目前，我国在世界范围率先成功开采可燃冰，在这一领域处于领跑地位。

无比精巧的结晶物

可燃冰雪白如冰。在合适的温度、压力、气体饱和度等条件下，水分子和烃类气体分子（主要是甲烷）在一种精巧无比的规则下结合，形成了晶莹剔透的可燃冰。在显微镜下观察，每单位晶胞内有2个十二面体以及6个十四面体的水笼结构，水分子和气体分子镶嵌完美。这样漂亮的晶体是否很脆弱呢？科学证明，只要给予适当的高压，可燃冰在18摄氏度的温度下依然晶莹如玉。

中国是可燃冰"大仓库"

2007年，我国首次在南海神狐海域发现可燃冰。2008年，在青海省天峻县祁连山南麓，我国首次发现了陆上可燃冰，它们"安详"地"睡"在深海海底与山上的冻土带中。

强国科技 5G

2013年，在珠江口盆地东部海域，超千亿方级可燃冰矿藏被中国探寻者发现。两年后，中国自主研制的"海马号"无人潜水器立下功劳，在珠江口盆地西部海域发现了可燃冰。

中国是个可燃冰"大仓库"，可燃冰储量极为丰富，分布于我国的南海、东海海域以及青藏高原、东北地区。这些可燃冰让我们看见了与未来相连的能源之路，而开采可燃冰的技术将给中国的发展之车插上翅膀。

中国可燃冰开采成就

2017年是我国开采可燃冰中里程碑式的一年，从5月至7月，连续试开采60天的任务圆满结束，在此期间，南海神狐海域可燃冰开采平台"稳定呼吸"，持续产气。"中

国理论""中国技术""中国装备"又一次取得突破。

可燃冰的成功开采,对中国来讲有什么意义呢?它标志着我国清洁能源开采技术迈向了新历程,使中国能源自给率将大大提升,同时是我国能源结构向着环保型转变的关键点。

细说开采可燃冰的难题

可燃冰开采法有降压法、注热法、化学抑制剂法、二氧化碳置换法和固体开采法等。这些方法我们听着虽然难懂,但已被科学家掌握。在实际的开采过程中,有三大考虑,即技术、成本及生态影响。

技术是实践的第一道坎。可燃冰开采难度极大,开采时极易发生泄露乃至井喷,要保证井底稳定才行。然而可燃冰可不像我们想象的那样会整块暴露出来被开采,相反,它们常常混合泥沙,难以持续被开采。

成本是普及应用的第二道坎。常规天然气成本不到1

元每立方米，而可燃冰天然气成本为8元每立方米。

生态影响是环境保护的第三道坎。可燃冰如果开采不当，会造成海底滑坡、塌陷、海啸、海洋生物大面积死亡和气候变暖等环境灾害。

在克服了重重难关之后，中国科学家不但掌握了最先进的开采技术，而且十分重视环境保护，他们协同努力使得中国可燃冰开采成就影响了世界的能源格局。

可燃冰开采技术领先全球

我国是全球首个采用水平井钻采技术开采可燃冰的国家，在可燃冰开采领域可谓首屈一指。

了不起的中国

2020年，我国的相关工作者开采可燃冰至南海神狐海域水深1225米处，创造出"产气总量86.14万立方米，日均产气量2.87万立方米"两项世界纪录。

我国可燃冰开采技术的代表是"蓝鲸一号"。它是个大块头，高度堪比40层楼，钻井平台有足球场那么大，钻井深度更是达到了1.5万米以上，能够钻透喜马拉雅山。

为什么中国开采可燃冰对世界意义深远？

可燃冰的开采不仅可以满足我国的能源供给，更为世界经济发展提供了新能源。

可燃冰的民用化、商业化方兴未艾，中国的成功开采为可燃冰应用展开光明前景。全球能源的"中国方案"推动着全世界的经济发展，酝酿着美好未来。

展望"一带一路"的前景，我国开采可燃冰的技术与海上丝绸之路各个沿线国家的能源储量相结合，必将使能源问题不再是困扰，经济的发展和融合将是值得期待的结果。

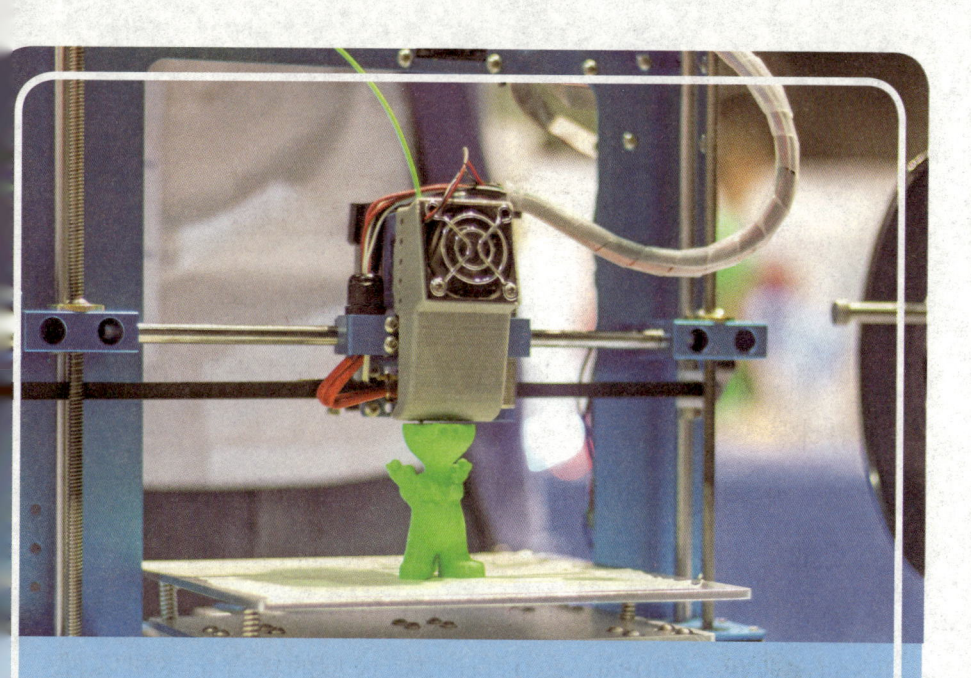

3D打印技术畅想

3D打印能够做什么？我们想到什么，它就能够制造什么。它简直就像机器猫，能变出任何宝贝。小到一件人偶玩具，大到一幢房屋，都可以用3D打印技术制造出来。我们似乎不再需要去商场购买物品，发挥自己的想象和设计才能，一切都能得到满足。

3D打印技术给我们带来了所想即所得的体验。骑上3D打印技术这匹"骏马"，我们就可以驰骋在数码的大草原上，纵享便捷生活。

3D打印技术的来与往

3D打印又称"增材制造"，是一种以数字模型文件为基础，用特殊材料，通过逐层打印的方式来制造物体的技术。

中国3D打印技术起步较晚，但是这门技术在中国所走的每一步都坚实有力。1995年，我国成功研制出第一台激光快速成型机；2000年，我国初步实现了3D打印设备的产业化；2005年，3D打印快速成型的钛合金飞机零件投入使用；2013年，国内首款能直接打印出活体器官的生物3D打印机展出，这台打印机能够在半小时之内打印出小拇指指节大小的人工肝单元细胞。

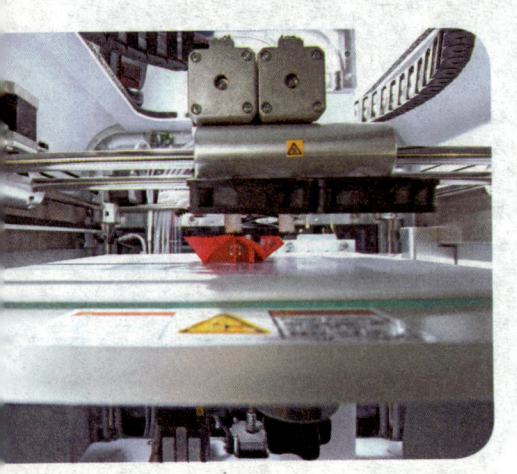

3D打印机的构造

像被赋予了魔法的3D打印机是由什么构成的呢？让我们把它"庖丁解牛"。

把3D打印机散开，把零件分分类，大概可以得到三部分，它们是电子部分、机械部分和软件部分。

电子部分是"大脑"，能辨识电脑中的3D数据，并且控制打印材料的使用和3D作品的成型。这一部分包括系统板、主板、电机驱动板、加热管、热床等。

机械部分是"肢体"，其中X-Y-Z三维传输系统最重要。X、Y轴喷嘴车进行二维平面运动，成型工作缸和进料缸沿Z轴上下移动。在机器三维工作的原理下，作品就可以完成啦。

软件部分是提供蓝图，使3D打印机能够制造出我们设计的任何作品。一些3D打印机自带免费的打印建模软件，而常用的AutoCAD、3dsmax、MAYA可以从合法渠道获得。

中国3D打印的成就

我国是世界上3D打印技术最先进的国家之一。这门技术虽然原产地在外国，却像种子一样在中国的沃土中发育成了参天大树，结出了令人钦叹的硕果。让我们来展示一下这些成果吧。

在上海，有一座利用3D打印技术制造的可伸缩景观人行桥。这座桥全长9.34米，总重量仅有850千克，可以承重20个成年人。

中国的3D打印技术已经成功造出了中国隐形战机歼20机身零部件等。我国深蓝航天火箭使用的"雷霆-5"发动机，就是国内最早使用3D打印技术制造出的火箭发动机。

我国能在60个小时之内建造出世界首例原位3D打印楼房。2021年在青藏高原上开工筑起的羊曲水电站"打印大坝"，有望成为世界上最高的3D打印建筑。

我国的生物3D打印技术发展也很迅速，已能打印诸多人体器官，这将引起医疗技术的革命性推进。

畅想中国3D打印的未来

3D打印技术的发展对中国经济有较大影响。汽车、医疗、航空航天、建筑、科研等领域无不攒动着3D打印技术的身影。

2014年，一名12岁男孩在北京大学研究团队的高超技术下，被成功植入3D打印脊椎，这属全球首例。而目前,科学家已经设想出在人体内直接打印活性组织或活性器官的技术。

2016年,我国成功研制了国内首台空间在轨3D打印机。有了这台3D打印机,宇航员能在失重环境下自制所需零件。这项成果使空间站对地面补给的依赖性大大降低了。

将来,我们能住进3D打印房屋,开着3D打印汽车,用着3D打印电脑,穿着3D打印服装……3D打印具有用料省、生产快的优势,它必能使社会生活更人性化。

为什么云冈石窟能搬到杭州去?

3D打印技术在文物复制和修复领域的特殊运用让文物爱好者欢呼雀跃。

艺术家们使用了数字化工具采集数据,对山西大同的云冈石窟"音乐窟"进行了1∶1复制,他们创造性地使用了轻型材料,打印出110块"积木",组装复制石窟,并在浙江大学艺术与考古博物馆展出。

复制品不但具备原石窟的风采,还对石窟遭受风化作用留下的细微痕迹进行了清晰再现。这个复制品可以被触摸,参观者可谓过足了瘾。

"华龙一号"核电站

　　核能是新型清洁能源。核能发电不会产生加重地球温室效应的二氧化碳，以核电替代部分煤电，可以减少煤炭的开采、运输和燃烧需求，减排污染物，以控制全球变暖。

　　核裂变反应释放能量的效率是石油、天然气燃烧时释放能量的效率的千万倍，因此核能发电的成本就比较低。所以建设核电站是解决供电难题的一项有效手段。

　　中国建造了很多核电站，其中"华龙一号"是中国核电技术的里程碑。

腾飞的核技术

2020年11月27日,"华龙一号"首堆——中核集团福清核电5号机组首次并网成功。这标志着我国正式进入核电技术先进国家行列。

"华龙一号"反应堆设有三个回路,它的运行过程并不复杂。在第一个回路里,核裂变产生热量,热量传给第二个回路,使得大量水蒸气带动汽轮发电,而在第三个回路里,海水经过冷却高温的机器后被排入海中。每个回路都具独立性,放射性物质被有效控制在第一个回路。

"华龙一号"有一个特别强大的"心脏",就是"177堆芯"。国外核电技术堆芯大都采用157个燃料组件,而我国创造性地研发了177组燃料组件,使运行温度降低,增强了堆芯的可控性。

中华复兴,巨龙腾飞。"华龙一号"是中国核电"走出去"的主打品牌!

中国的核安全标杆

2011年日本福岛核泄漏事故让许多人记忆犹新。在地震、海啸的破坏下,福岛核电站设施受到严重损坏,放射性物质泄漏。核污染的噩梦包围着全世界的人们。

"华龙一号"充分汲取了福岛核泄漏事故的教训，创造了"能动与非能动相结合"的设计理念，在两条"能动"冷却回路的基础上，增设一条"非能动"回路。非能动回路依靠重力、温差和密度差等，使冷却剂流动，能在电力系统失控时仍旧控制反应堆核心的温度。

"华龙一号"把放射性物质严严实实封闭在双层安全外壳内。内壳能抵御各种事故下的高温高压；外壳能对付大型飞机的撞击以及强烈的地震、剧烈的台风，还能经得起长时间的烈火酷烤，可谓"金刚不坏"。

"华龙一号"具备"72小时不干预原则"。万一出现事故，安全系统会自动投入运行，执行预防堆芯熔毁的指

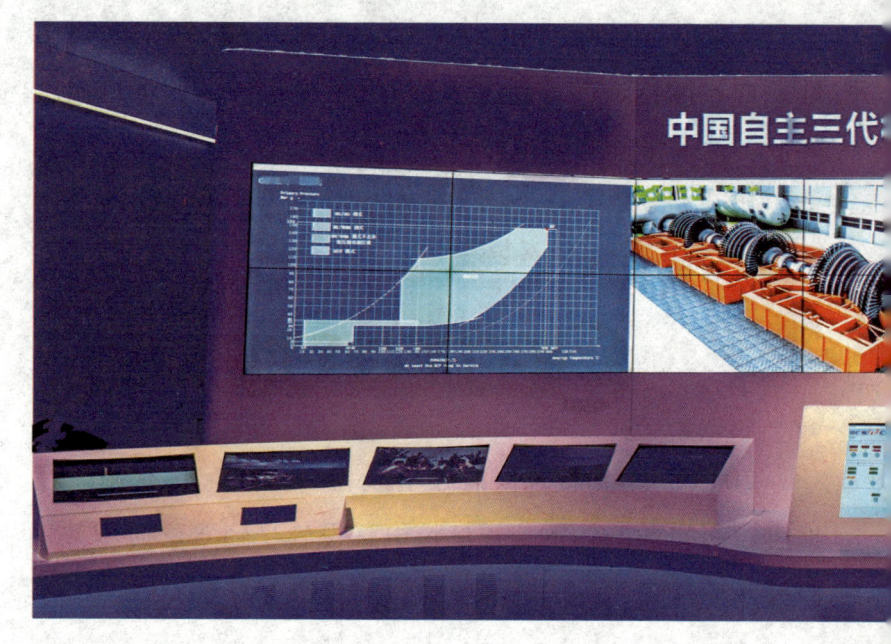

令，及时注入冷却水，让安全壳不超温超压。

"华龙一号"——发电"大力神"

"华龙一号"是个发电的"大力神"，它能产生百万千瓦级别的功率，未来我国还会继续升级改造，它将会变得更加强大。

"华龙一号"的"177堆芯"是能量源泉，每台机组装机容量116.1万千瓦，每年可发电近100亿千瓦时。使用一台"华龙一号"机组，100万人口的中等发达国家全年的生产和生活就有保障了。

了不起的中国

一台"华龙一号"机组一年可以节省标准煤312万吨，减少二氧化碳排放816万吨，相当于植树造林7000多万棵。

"华龙一号"是国际核技术领域的抢手货，阿根廷、英国和巴基斯坦等国先后和我国签署了合约，这位中国的发电"大力神"走出了国门，向世界露出了自豪的微笑。

中国制造的经济增长点

"华龙一号"共形成700多项国内专利、60多项国外专利、百余件海外注册商标、120多项软件著作权以及1500篇核心科技创新报告，成为中国创造的世界经济增长点。

核电技术是中国全面扶贫战略的重要组成部分，它高

效、优质、低成本。中国会在2035年前建造约100座核反应堆，这个计划将使中国成为世界第一核能源大国。

核电产业链温室气体排放水平与水电、风电相当，是太阳能光伏发电的五分之一左右，比煤电低约2个数量级，是应对全球气候变化时不可或缺的清洁能源。

专家认为，"华龙一号"能在整个生命周期里为中国创造数千亿元的产值以及十余万个就业岗位。另外，"华龙一号"的建成靠的是5300多家设备制造企业的通力合作，所实现的成果对我国核电及相关领域的发展有着极大的推动作用。

为什么"华龙一号"能走出国门？

"华龙一号"具有最高级别的核电安全"铠甲"，能够确保不发生类似福岛的核泄漏事故。它的发电能力不容小觑，每台机组每年能发电接近100亿千瓦时。它的设计复杂，数据繁复，国际上同类型的工程往往进展缓慢，"华龙一号"却以68个月的建设周期创造了世界纪录。这样优异的技术，怎能不受世界瞩目与欢迎？

如今，核电技术领域已经形成了一套完整的"华龙一号"权威标准体系，全球多个国家和地区相继与我国签署合作建设协议。"华龙一号"是中国核电技术的骄子，标志着中国成了世界上数一数二的核能强国。

"人造太阳"

地球围绕着太阳旋转，人们熟知的太阳能也来自这个亘古的伙伴。而人类不会止步于享用太阳能，还想创造太阳能。早在20世纪上半叶，科学家就开始思考：人类是否能研发出仿照太阳运行的装置，并从中获得源源不断的能量呢？

太阳的能量主要来源于氢氦核聚变，核聚变所需的燃料是氢元素，原则上说只要有了足够的燃料，人类就有制造太阳的可能。因此，创造出稳定可靠的"人造太阳"成为科学家们孜孜以求的目标。

科幻大片般的ITER计划

20世纪80年代中期,西方各国发起"国际热核聚变实验堆(ITER)计划"。这就是神奇的"人造太阳"计划,旨在为人类输送清洁能量。2006年,我国正式签约加入ITER计划。

两个氢原子核聚合反应放出"核聚变能",这就是宇宙间所有恒星释放光和热的原理。太阳内部压强巨大,即便在这样的条件下,也需要1500万摄氏度的高温才能引发核聚变。而在地球上难以形成太阳内部那样大的压强,因此,只有超越太阳中心的温度才能引发核聚变。这需要上亿摄氏度,地球上没有任何物质可承受如此高的温度,于是科学家造出了具有强大磁场的"磁笼"作为约束"人造太阳"的工具,即通过类似磁悬浮的技术让"人造太阳"可以悬空释放能量。

ITER计划是科幻大片般的世界性计划,人类正在一步步接近前所未有的技术领域。

中国成功突破ITER难题

我国的核聚变能研究从20世纪60年代就开始了。1991年,我国开展了"超导托卡马克发展计划"。作为对

ITER的贡献，我国造出了全超导托卡马克（EAST）东方超环。

EAST采用了全世界第一个非圆截面全超导托卡马克核聚变试验装置，可以承载上亿摄氏度的高温环境，能用磁场托举起核聚变的火球。

这个全超导托卡马克装置采用的磁场具备使等离子体稳定的三大要素：平行磁场、磁阱和磁剪切，能克服各种不稳定情况。因此，在几亿摄氏度高温的等离子体中，每个带电粒子会在托卡马克装置内沿封闭的磁力线做螺旋式运动，乖乖地被约束在磁场范围内。

EAST利用1亿摄氏度的高温将氢同位素煮沸成等离子体，将它们融合在一起并释放能量。如果这个状态能够长期运行，我们就可以使用"人造太阳"发电了。

EAST的世界纪录

在2021年12月月底，中国"人造太阳"EAST成功实现了使电子温度近7000万摄氏度的长脉冲高温等离子体运行长达1056秒，打破了自己保持的411秒最长放电纪录，创造了新的世界纪录。真实太阳的核心温度也只有1500万摄氏度，仅为EAST的五分之一。

EAST能够创造新的纪录多亏了科研人员的努力。科研人员历经近3个月，对加热系统、控制系统、电源系统等进行了升级改造。所有的结果都在预料之中，无论从时间、温度还是电压上来说，中国都是在极限条件下挑战了自我，跟国际同行相比，我们处在了引领者的地位。

中国对ITER的贡献

ITER计划由中国与欧盟、印度、日本、韩国、俄罗斯和美国七方共同实施。2013年6月，由中国科学院等离子体物理研究所研制的PF5导体运抵法国福斯港，交付ITER总

部。这是ITER七方中首件交付ITER现场的大件产品。

这件产品是外方内圆的异型导体，制造工艺复杂，包括焊接工艺、无损检测技术、导体成型及收绕技术等。中国科学院等离子体物理研究所先后研发了这些技术，并完成了各种接收测试。2013年春天，该产品历经38天，从合肥抵达ITER总部。

中国为什么要研发"人造太阳"？

随着人类社会的高速发展，能源紧张成了越来越紧迫的问题。石油、煤炭等能源不但不能再生，而且会造成环境污染。人们发现，让"人造太阳"走进现实，人类可能一千年内都不会再有能源问题的困扰。

作为一个有责任感的发展中大国，我国参与了"人造太阳"的开发计划。根据我国的研发进度，估计不超30年，"人造太阳"发电就会像现在的风力发电一样普及。

"人造太阳"技术还被用于驱动星际飞船。中国积极研发"人造太阳"，就是紧紧抓住了未来。

电动汽车

20世纪70年代第一辆量产电动汽车CitiCar，它最高时速才71公里，续航里程仅69公里，以最高时速行驶的话连1小时都撑不下来，却是当时的美国电动汽车冠军。

早在1995年，我国清华大学就研制出了中国第一台轻型电动汽车。现在全球电动汽车发展迅猛，在实现绿色低碳可持续发展的道路上，发展电动汽车产业是我国能源转型的重要组成部分。

交通能源动力系统的变革

在人类历史长河中，交通能源动力系统已经经历了两次变革。第一次变革发生在18世纪60年代，蒸汽机技术诞生并引发了欧洲工业革命，欧洲诸国迅速成长为经济强国。第二次变革发生在19世纪70年代，石油和内燃机替代了煤和蒸汽机，把人类带入了石油经济的体系。如今，交通能源动力系统变革又一次达到高潮，以电力和动力电池（包括燃料电池）替代石油和内燃机的变革方兴未艾，预示着清洁能源时代的来临。

自2001年国家863计划"电动汽车重大科技专项"立项开始，中国电动汽车从无到有，后来居上，如今已经形成了让全世界仰慕的产业规模。中国已拥有全球最大的电动汽车市场。

能源变革驱动着电动汽车发展

新能源包括纯电动、插电式混合动力、常规混合动力、燃料电池等。其中，最常见的是纯电动能源，我们就来谈谈它吧。

由于电力可从核能、水力、风力、光能等转化获得，能够解除人们担心的石油日渐枯竭的问题，电动汽车就成了汽车工业的"热点"。纯电动汽车可直接采用电机驱动，其中有的电机是装在发动机机舱内的，还有的用车轮作为四台电动机的转子，形式多样。

专家认为，电动车需基建配套，要联合政府一起建设。中国政府早在2020年就将"充电桩"作为"新基建"确定下来。截至2021年年底，我国建成充电桩261.7万个、换电站1298座，形成了全球最大的充换电网络。

国产"黑科技"

电池技术是电动汽车领域的一大关键技术，在中国科学家和汽车制造厂商的共同努力下，国产电动汽车的电池技术接连取得了突破性进展，比如比亚迪公司研发出了新型超级铁锂电池。铁锂电池比传统电池产品稳定得多，设计为轻薄的刀片形状，散热面积更大，回

路更长，热量不容易集中，安全性能卓越。此外，"刀片电池"的能量密度相对于传统电池提升了50%，即原先把电池充满能跑400千米的电动汽车如今能跑600千米。

除了刀片电池，还有一款国产"黑科技"叫"弹匣电池"。它看上去像一组弹匣，可承受1400摄氏度高温。它具备四项超能技术，即超高耐热稳定的电芯、超强隔热的电池安全舱、极速降温三维冷却系统和全时管控的第五代电池管理系统。有了它，三元锂电池的安全标准需被重新定义。

"中国梦想"影响世界

即使进入电动汽车时代，中国发展汽车产业的梦想也从未停歇，近10年来，中国突飞猛进，部分领域技术已位居世界前列。

我国大部分驱动电机技术已接近国际先进水平，成绩优越；在电机控制方面已掌握了核心技术；在动力电池方面，中国更是发明不断。智能网联、自动驾驶技术被我

强国科技 5G

国运用于电动汽车，使中国产品备受世界瞩目。

10年来，中国汽车产品结构从单一的商用车转变为乘用车、商用车等多种车型；出口对象也从东南亚发展到了西方等发达国家和地区，销售量稳升，售价不断优化。如今，"中国梦想"推动着世界汽车组织（OICA）及亚太经合组织（APEC）等汽车对话活动，中国参与了世界汽车产业竞争，掌握着竞争主动权与话语权。

中国的电动汽车为什么有国际竞争力？

全球都在实现减碳目标，中国积极响应，造成电动汽车研发势头猛健。同时，国内汽车企业的纯电动平台迅速进化，超越海外。最重要的是，我国的相关技术已达到了国际领先水准。无论是驱动电机技术、电机控制技术，还是电池技术，都从不落后。并且"刀片电池""弹匣电池"的发明解决了续航和安全方面的瓶颈。

移动支付

贝壳、圆形方孔、刀币、五铢钱、御书钱……这些五花八门的货币先后出现在中国的货币史上，直到中华人民共和国成立，第一套人民币带着人民当家做主的寓意而诞生。随着国民经济的增长，纸币的主导地位被电子货币取代，移动支付成了主角。移动支付是指使用智能手机完成支付或者确认支付，是互联网时代的一种新型支付方式。这种支付方式的变革是科技发展的必然结果。

种类繁多的移动支付手段

移动支付的方式有很多种。

微信支付和支付宝支付是最常见的支付方式。支付时，只要扫一扫二维码就可以。我们所扫的二维码包含收款链接，当用户扫码时，二维码会自动识别应用程序，完成支付。

有一种"超级蓝牙"支付手段，它利用了Beacon技术，Beacon基站能创建一个蓝牙信号区，装有相应APP的手机进入信号区时，通过低功耗蓝牙可完成支付。

还有一种"声波支付"，令人叫绝。"声波支付"采用声波加密技术，用手机麦克风和扬声器传声，只需在一定距离内播放一段音频，就可以完成支付。

最近又出现了一种全新的支付方式——光子支付。这种支付方式通过光来实现授权、识别及信息传递，利用手机闪光灯即可完成支付。

了不起的中国

移动支付的应用场景

移动支付被广泛应用于衣、食、住、行等各个方面，人们一刻也离不开它。

由于电子商务的快速发展，人们越来越热衷于通过电商平台购买日用品和享用外卖、快递的便捷服务。同时，线下各个大型商场，甚至街边的小店，开始为消费者提供扫码支付等移动支付服务。随着移动支付平台的发展，移动支付开始扩大其范围。人们已经可以通过移动支付平台缴纳家里的水、电、气费。此外，通过软件打车、骑共享单车等方式出行，人们可以使用移动支付预定行程；最方便的是，公交乘车码的普及使人们再也不用为乘车没有零钱而烦恼了。

移动支付已经渗入了人们的生活。由此看来，我国的"无现金时代"即将到来。

中国首创的数字人民币

在移动支付的基础上，我国发明了更高效的数字人民币，相比于移动支付平台，数字人民币不但能在线支付，还能离线支付。

数字人民币，也叫e-CNY，是由中国人民银行发行的数字形式的法定货币。e-CNY的研发试验已基本完成，正遵循稳步、安全、可控、创新、实用的原则普惠于民。

数字人民币采用双离线支付，能满足网络信号不佳的场所的电子支付需求。支付者不一定要用智能手机，可以选择IC卡、功能机或者其他硬件。

数字人民币能引领数字经济条件下的消费潮流，从而提高零售支付的便捷性、安全性和防伪水平，助力中国数字经济的腾飞行进。

数字人民币的信誉保证

传统合约的数字化就是智能合约，它跑在区块链网络上，由程序自动执行。大多数交易都需要按照合约，由货币支付清算。智能合约利用了数字人民币可编程的特性，将交易中的一系列约定变成数字形式，让货币自动执行合约要求。

比如，消费者在平台使用数字人民币缴费后，预付资金将被"冻结"在数字人民币钱包中，通过数字人民币底层技术实现预付资金"一笔一清"。当消费者申请预付费退款时，平台可以实现未核销金额的快速退款。

为什么移动支付在中国飞速发展？

截至2021年底，中国的移动支付市场规模已超过9亿人次。不带钱包出门已成为很多中国人的新习惯。那么，为什么移动支付能在中国飞速发展？

首先，中国电信网络覆盖广、速度高。只要你不是到了无人区，手机就一定有信号。现在甚至出现了不需要信号的数字人民币，未来移动支付的发展必将超乎想象。

其次，第三方支付通道功劳赫赫。支付宝和微信可能已普及到了每一个家庭，甚至每一个人。

最后，支付方式越来越方便和安全。只要刷一下脸、按一下指纹或者放一段音频就能够安全完成支付，这种便捷正好适应了人民群众的需求。

综上所述，移动支付在中国的发展当然势不可当。